Male für jede Seite, die du bearbeitet hast, einen Stern aus.

Viel Freude!

4 5 6 7 8 9

10 11 12 13 14

15

21 20 19 18 17 16

26 25 24 23 22

27

28 29 30 31 32 33

34 35 36 37 38

39

45 44 43 42 41 40

50 49 48 47 46

51

52 53 54 55 56 57

58 59 60 61 62

T	H	Z	E
3	7	8	3

dreitausendsiebenhundertdreiundachtzig

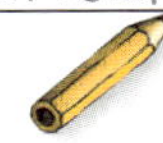

T	H	Z	E
6	2	7	1

___

T	H	Z	E
8	1	1	2

___

T	H	Z	E
5	9	9	6

___

T	H	Z	E
7	6	3	5

7000 + 600 + 30 + 5 — Zahl: 7635

T	H	Z	E
1	8	2	4

Zahl

T	H	Z	E
2	3	4	7

Zahl

T	H	Z	E
4	4	5	9

Zahl

achttausendzweihundertdreiundsiebzig

8273

viertausendfünfhundertzweiundzwanzig

sechstausendvierhundertdreizehn

fünftausendneunhundertsiebenundsechzig

dreitausendzweihundertsiebenundvierzig

Verbinde!

3T + 5H + 7Z + 6E	5283	5000 + 900 + 30 + 4	2383
5T + 2H + 8Z + 3E	2932	2000 + 300 + 80 + 3	1148
7T + 3H + 5Z + 9E	3576	8000 + 400 + 60 + 7	8467
6T + 8H + 4Z + 7E	6847	6000 + 700 + 20 + 1	5934
2T + 9H + 3Z + 2E	7359	1000 + 100 + 40 + 8	6721

E	19 E =	1	Z und	9	E	26 E =		Z und		E
	37 E =		Z und		E	78 E =		Z und		E
	45 E =		Z und		E	12 E =		Z und		E
Z	18 Z =	1	H und	8	Z	24 Z =		H und		Z
	36 Z =		H und		Z	77 Z =		H und		Z
	47 Z =		H und		Z	11 Z =		H und		Z
H	16 H =	1	T und	6	H	23 T =		T und		H
	35 H =		T und		H	74 T =		T und		H
	41 H =		T und		H	17 T =		T und		H

Zerlege die Zahlen!

3567 = 3000 + 500 + 60 + 7 2380 = ______________

5639 = ______________ 8711 = ______________

9868 = ______________ 4672 = ______________

Ergänze die fehlenden Zahlen!

5000 ▸	5001 ▸	▸	▸	▸	▸	
▸	▸	3000 ▸	3010 ▸	▸	▸	
▸	▸	▸	5100 ▸	5101 ▸	▸	

Nun in Schritten!

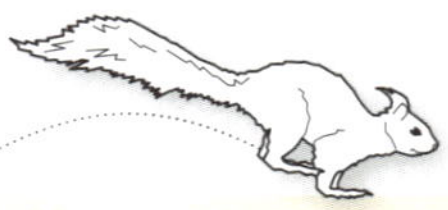

▸	▸	3100 ▸	3200 ▸	▸	▸	
▸	▸	▸	6000 ▸	6010 ▸	▸	
▸	▸	▸	9700 ▸	9701 ▸	▸	

Trage ein!

10000

0 1000 5000

Verbinde!

500 2400 4200 6800 8800

0 1000 2000 3000 4000 5000 6000 7000 8000 9000 10 000

1100 3900 5300 7600

Finde die Nachbarn!

6530 6531

Finde die Nachbarzehner!

7520 7530

Finde die Nachbarhunderter!

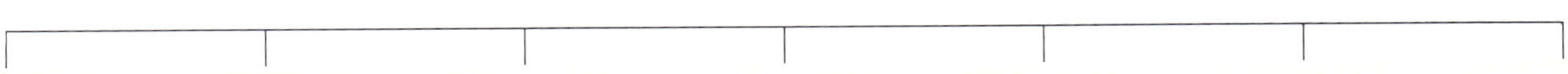

4200 4300

Finde die Nachbartausender!

5000

Wo sind diese Zahlen ungefähr?

4000 5000 3500 4500 5500

3000 ——————————————— 6000

2750 3250 3000 3500 4000

2500 ——————————————— 4500

Sei geschickt! Mit welcher Zahl beginnst du? ☐

7500 6499 6001 8001 9999

6000 ——————————————— 10 000

Mit welcher Zahl beginnst du? ☐

6450 6410 6499 6410 6460

6400 ——————————————— 6500

Mit welcher Zahl beginnst du? ☐

1100 3500 4990 5003 9999

0 ——————————————— 10 000

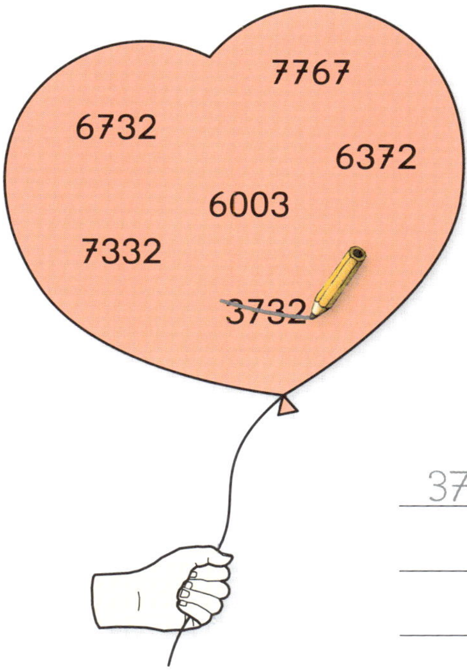

Ordne nach der Größe!

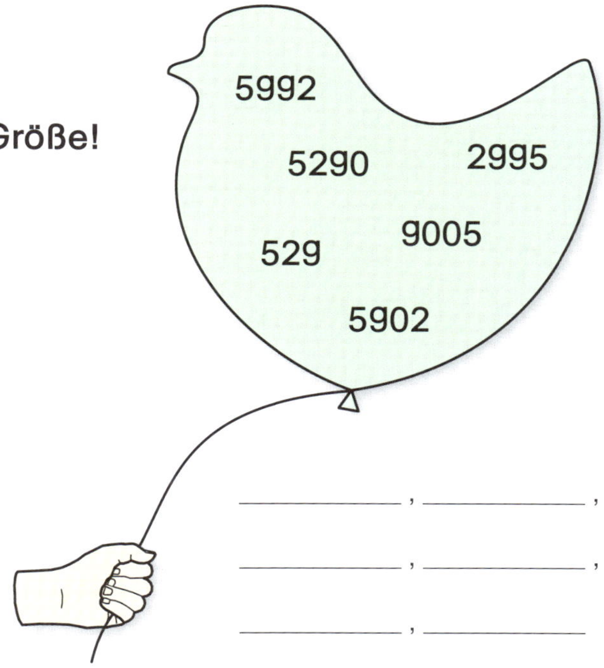

3732 ____, ____,
____, ____,
____, ____

____, ____,
____, ____,
____, ____

> oder < oder = ?

2170 < 2710		6610	6099	5870	5780
3774	7737	9888	9888	2020	2202
8626	8636	400	1111	3884	3884
4603	4613	2881	2188	9800	8900

Wie heißen die Vorgänger und Nachfolger?

V	Zahl	N
5381	5382	5383
	3110	
	7620	

V	Zahl	N
	8839	
	1111	
	9000	

V	Zahl	N
	7799	
	10 000	
	1000	

Wie heißen die Nachbarzehner?

Wer sitzt neben Dir? ____________________

NZ	Zahl	NZ
2340	2342	2350
	6515	
	4371	

NZ	Zahl	NZ
	7640	
	5990	
	2123	

NZ	Zahl	NZ
	8000	
	7000	
	10 000	

Kennst du die Namen deiner Nachbarn, dort, wo du wohnst?

Sie heißen: ______________________________

____

Wie heißen die Nachbarhunderter?

NH	Zahl	NH
3400	3443	3500
	6801	
	7622	

NH	Zahl	NH
	5890	
	2910	
	4112	

NH	Zahl	NH
	6000	
	8000	
	10 000	

Wie heißen die Nachbartausender?

NT	Zahl	NT
3000	3265	4000
	9377	
	6721	

NT	Zahl	NT
	8045	
	7680	
	4990	

NT	Zahl	NT
	3333	
	6666	
	9000	

Wie heißen die Nachbarn, Nachbarzehner, Nachbarhunderter und Nachbartausender?

NT	NH	NZ	V	Zahl	N	NZ	NH	NT
				3463				
				6272				
				9901				

Wie viele Nachbarn hat Deutschland? [ ]

Zähle alle Länder auf!

____

____

____

Rechne geschickt im Kopf!

6 + 2 = 8 ______ 5 + 4 = ______ 4 + 3 = ______
60 + 20 = ______ 50 + 40 = ______ 40 + 30 = ______
600 + 200 = ______ 500 + 400 = ______ 400 + 300 = ______
6000 + 2000 = ______ 5000 + 4000 = ______ 4000 + 3000 = ______

2000 + ______ = 10 000 4800 + ______ = 5000 10 000 – ______ = 4000
7000 + ______ = 10 000 3350 + ______ = 5000 10 000 – ______ = 5700
4500 + ______ = 10 000 2750 + ______ = 5000 10 000 – ______ = 7900
7250 + ______ = 10 000 1990 + ______ = 5000 10 000 – ______ = 3100

3648 + 3 = ______ 32 + 34 = ______ 13 + 27 = ______
3648 + 30 = ______ 320 + 340 = ______ 130 + 270 = ______
3648 + 300 = ______ 3200 + 3400 = ______ 1400 + 2600 = ______
3648 + 3000 = ______

1000 – 1 = ______ 10 000 – 1 = ______ 6000 – 4 = ______
1000 – 10 = ______ 10 000 – 10 = ______ 6000 – 40 = ______
1000 – 100 = ______ 10 000 – 100 = ______ 6000 – 400 = ______
10 000 – 1000 = ______ 10 000 – 1000 = ______ 6000 – 4000 = ______

Rechne geschickt!

2875 + 3999 = ______ 3475 + 4998 = ______ 5949 + 2997 = ______
2875 + 4000 – 1 = ______ 3475 + 5000 – 2 = ______ 5949 + 3000 – 3 = ______

Lösungen: 8, 90, 8000, 2750, 3948, 660, 9990, 900, 8000, 9, 700, 5996, 900, 800, 7, 40, 9900, 3651, 2250, 4300, 4000, 2000, 9000, 3678, 3000, 5960, 6874, 8473, 9000, 70, 6648, 400, 999, 200, 6900, 7000, 80, 6600, 5500, 1650, 66, 8473, 990, 9000, 8946, 9999, 6874, 5600, 2100, 3010, 8946, 6000

7354 − 3999 = ______

7354 − 4000 + 1 = ______

9638 − 5998 = ______

9638 − 6000 + 2 = ______

5379 − 997 = ______

5379 − 1000 + 3 = ______

Schätze doch mal, vor wie vielen Jahren das Auto erfunden wurde!

Vor ☐ Jahren

Kreise die Zahlen ein, die du zuerst addierst!

(136) + (44) + 48 = 228	3200 + 1750 + 800 = ______
670 + 13 + 30 = ______	2850 + 1150 + 300 = ______
215 + 85 + 31 = ______	610 + 203 + 490 = ______
110 + 490 + 78 = ______	574 + 1099 + 326 = ______
2900 + 2100 + 2700 = ______	1398 + 415 + 2 = ______
3400 + 2900 + 2600 = ______	211 + 989 + 254 = ______
5223 + 4 + 7 = ______	777 + 195 + 223 = ______
2747 + 3 + 8 = ______	3995 + 1605 + 1602 = ______

Schriftliche Addition und Subtraktion hast du schon gelernt. Versuche alle Aufgaben der nächsten Seite konzentriert und fehlerfrei zu rechnen.

Lösungen: 5750, 1454, ~~228~~, 8900, 1195, 1303, 3355, 4382, 1815, 331, 2758, 713, 3640, 678, 3355, 7700, 3640, 5234, 4300, 4382, 7202, 1999

	ZT	T	H	Z	E
		3	8	2	6
+		6	1	6	2
		9	9	8	8

	ZT	T	H	Z	E
		3	2	3	6
+		2	1	5	6

	ZT	T	H	Z	E
		4	1	1	9
		3	1	1	4

	ZT	T	H	Z	E
		2	6	9	1
		3	6	2	9

	ZT	T	H	Z	E
		7	9	6	3
		1	5	1	8

	ZT	T	H	Z	E
		1	5	4	2
		6	0	5	8

	ZT	T	H	Z	E
		8	7	0	0
		1	0	1	0

Achtung! Hier schon über 10 000!

	ZT	T	H	Z	E
		6	2	8	3
		8	3	5	7

	ZT	T	H	Z	E
		5	9	6	3
–		3	5	2	1

	ZT	T	H	Z	E
		7	9	6	6
–		1	8	3	4

	ZT	T	H	Z	E
		8	8	7	4
		4	2	1	9

	ZT	T	H	Z	E
		5	6	0	1
		3	7	9	8

	ZT	T	H	Z	E
		8	9	8	9
		4	1	9	3

	ZT	T	H	Z	E
		6	1	0	0
		2	0	9	9

	ZT	T	H	Z	E
		5	8	3	7
		1	9	5	9

	ZT	T	H	Z	E
		9	1	1	1
		8	3	9	9

3571 + 4959 6792 – 2638 5019 + 4793 8659 – 6979

Kamst du gut zurecht? ja ☐ nein ☐ ging so ☐

Lösungen: 1803, 6320, 9710, 4796, 4154, 7600, ~~9988~~, 7233, 9481, 4655, 4001, 9812, 6132, 712, 2442, 3878, 1680, 8530, 5392, 14640

Weißt du das? Welcher Name passt zu welchem Bauwerk?

Eiffelturm in Paris | Freiheitsstatue von New York | Empire State Building in New York

Brandenburger Tor | Schiefer Turm von Pisa | Big Ben in London

Pyramiden von Gizeh | Kölner Dom | Golden Gate Bridge in San Francisco

E

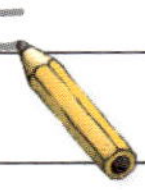

Schätze, wie hoch die Bauwerke sind!

26 m | 56 m | 83 m | 93 m | 96 m | 157 m | 227 m | 300 m | 381 m

Kontrolliere nun mit den Lösungen unten und verbessere wenn nötig!

Welches Bauwerk ist am höchsten? ______________________________

Welches ist das kleinste Bauwerk? ______________________________

Hast du eines oder mehrere dieser Bauwerke schon einmal gesehen? ja ☐ nein ☐

Wenn ja, welche(s)? ______________________________

Lösungen: Schiefer Turm von Pisa: 56 m, Brandenburger Tor: 26 m, Eiffelturm in Paris: 300 m, Golden Gate Bridge in San Francisco: 227 m, Kölner Dom: 157 m Pyramiden von Gizeh: 139 m, Freiheitsstatue von New York: 93 m, Big Ben in London: 96 m, Empire State Building in New York: 381 m

Welches Jahr ist im Moment? **Wir schreiben das Jahr 20 ___**

Was glaubst du, wann wurde was erfunden? Schätze und trage ein!

1299 | 1445 | 1700 | 1803 | 1839 | ~~1886~~ | 1941 | 1969 | 2007

1886

Automobil

Internet

Buchdruck

Smartphone

Computer

Eisenbahn

Brille

Fahrrad

Klavier

Kontrolliere nun mit deinen Schätzungen und verbessere wenn nötig!
Errechne, wie alt die Erfindungen jeweils sind!

Jetziges Jahr
Jahr der Erfindung

(1299)

also 20

– 1299

vor Jahren

Die Brille wurde vor ______ Jahren erfunden.

(1445)

also 20

–

vor Jahren

Das Buch ______

(1700)

also 20

–

vor Jahren

Das ______

(1803)

also 20

–

vor Jahren

Der ______

(1839)

also 20

–

vor Jahren

Das ______

(1886)

also 20

–

vor Jahren

Das ______

(1941)

also 20

–

vor Jahren

Der ______

www. world wide web

(1969)

also 20

–

vor Jahren

Das ______

(2007)

also 20

–

vor Jahren

Das ______

Was denkst du, welches war die genialste Erfindung?

Worauf könntest du gar nicht verzichten?

Worauf könntest du am ehesten verzichten?

Was sollte deiner Meinung nach noch erfunden werden?

Hast du den Namen »Johannes Gutenberg« schon einmal gehört?

ja ☐ nein ☐

Er erfand den Buchdruck in Europa.

Metall-buchstaben für den Druck

Johannes Gutenberg

Karl Drais erfand 1817 die Draisine oder Laufmaschine. Eigentlich funktionierte sie so wie die heutigen Laufräder für kleine Kinder.

Bist du, als du klein warst, auch Laufrad gefahren?

ja ☐ nein ☐

Rechne schriftlich!

Vor wie vielen Jahren erfand Karl Drais dieses Laufrad?

		2	0		
–		1	8	1	7

Vor **Jahren**

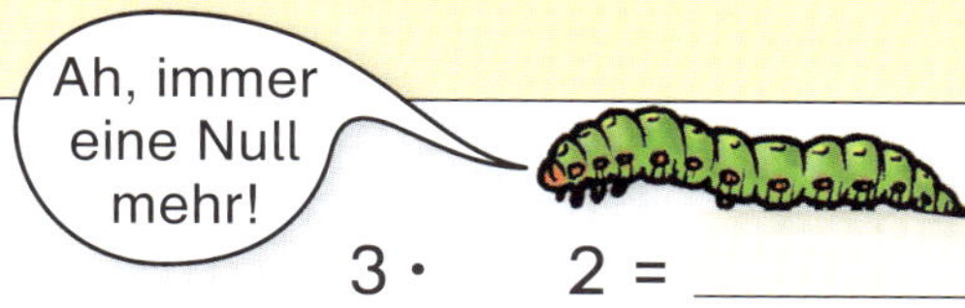

2 · 4 = 8	3 · 2 = ____	3 · 3 = ____
2 · 40 = ____	3 · 20 = ____	3 · 30 = ____
2 · 400 = ____	3 · 200 = ____	3 · 300 = ____
2 · 4000 = ____	3 · 2000 = ____	3 · 3000 = ____
7 · 6 = ____	8 · 7 = ____	6 · 9 = ____
7 · 60 = ____	8 · 70 = ____	6 · 90 = ____
7 · 600 = ____	8 · 700 = ____	6 · 900 = ____
54 : 9 = ____	48 : 8 = ____	63 : 7 = ____
540 : 9 = ____	480 : 8 = ____	630 : 7 = ____
5400 : 9 = ____	4800 : 8 = ____	6300 : 7 = ____

Rechne geschickt!

49 · 5 = ____	29 · 3 = ____	199 · 6 = ____	899 · 4 = ____
50 · 5 = 250	30 · 3 = ____	200 · 6 = ____	900 · 4 = ____
1 · 5 = 5	1 · 3 = ____	1 · 6 = ____	1 · 4 = ____

Punktrechnung vor ______________________ !

799 · 7 = ____	599 · 7 = ____	399 · 4 = ____
800 · 7 − 7 = ____	600 · 7 − 7 = ____	400 · 4 − 4 = ____

Halbschriftliche Multiplikation und Division hast du schon gelernt!

7 · 26	**7 · 263**	**9 · 783**
7 · 20 =	7 · 200 =	9 · 700 =
7 · 6 =	7 · 60 =	9 · 80 =
=	7 · 3 =	9 · 3 =
	=	=

Lösungen: ~~5~~, ~~8~~, 9000, 1194, 900, 420, 4200, 1596, ~~250~~, 9, 5400, 1200, 560, 600, 60, 90, 4193, 7047, 1596, 6, 3596, 3, 4193, 5593, 54, 80, 800, 6000, 90, 9, 6, 5593, 4, 60, 900, 5600, 90, 6, 8000, 182, 600, 1841, 3600, 245, 56, 6, 87, 600, 42, 540, 60

7 · 143 = 700 + 280 + 21 = ____

9 · 394 = ____ + ____ + ____ = ____

3 · 768 = ____ + ____ + ____ = ____

4 · 657 = ____ + ____ + ____ = ____

5 · 589 = ____ + ____ + ____ = ____

8 · 962 = ____ + ____ + ____ = ____

270 : 9 = 30
630 : 7 = ____
420 : 6 = ____
560 : 8 = ____
240 : 3 = ____
350 : 5 = ____

Ich rechne **27 : 9** und hänge im Ergebnis **die Null** wieder an.

Ein super Trick, oder?

8100 : 9 = 900
2400 : 4 = ____
4800 : 8 = ____
2700 : 3 = ____
5400 : 6 = ____
4900 : 7 = ____

Hier hänge ich **zwei Nullen** wieder an!

248 : 8	364 : 7	258 : 6
240 : 8 = 30	350 : 7 = ____	240 : ____ = ____
8 : 8 = 1	14 : 7 = ____	____ : ____ = ____
= 31	= ____	= ____

292 : 4	285 : 3	585 : 5
____ : ____ = ____	____ : ____ = ____	____ : ____ = ____
____ : ____ = ____	____ : ____ = ____	____ : ____ = ____
= ____	= ____	= ____

468 : 9	441 : 7	656 : 8
____ : ____ = ____	____ : ____ = ____	____ : ____ = ____
____ : ____ = ____	____ : ____ = ____	____ : ____ = ____
= ____	= ____	= ____

Lösungen: 31, 70, 80, 900, 2304, 7696, 43, 117, 3546, 30, 1001, 52, 73, 900, 600, 2628, 95, 600, 900, 63, 2945, 700, 82, 90, 70, 70, 52

HT	ZT	T	H	Z	E
	7	8	7	5	3

70000 +

Zahl

HT	ZT	T	H	Z	E
	6	1	8	2	5

Zahl

HT	ZT	T	H	Z	E
	8	0	4	1	2

Zahl

Zerlege die Zahlen!

53527 = 50000 + 3000 + ____

31989 = ____

47672 = ____

Wie heißt die Zahl?

50 000 + 8000 + 400 + 30 + 1 = ____

20 000 + 6000 + 300 + 90 + 8 = ____

90 000 + 0 + 200 + 0 + 7 = ____

Schreibe und sprich!

73526 = dreiundsiebzigtausend fünfhundertsechsundzwanzig

67138 = ____

25021 = ____

10 · 1 = 10
10 · 10 = 100
10 · 100 = 1000
10 · 1000 = 10 000
10 · 10 000 = 100 000

MERKE

Decke es ab und schreibe auswendig auf!

10 · = 10

Lösungen: 26398, 58431, 90207

Zerlege!

T	H	Z	E
5	8	2	4

HT	ZT	T	H	Z	E
1	3	8	9	6	8

Ergänze die fehlenden Zahlen!

▸ ▸ 7001 ▸ ▸ ▸ 7004 ▸

▸ ▸ 97 000 ▸ 98 000 ▸ ▸ ▸

Welche Zahlen können es ungefähr sein?

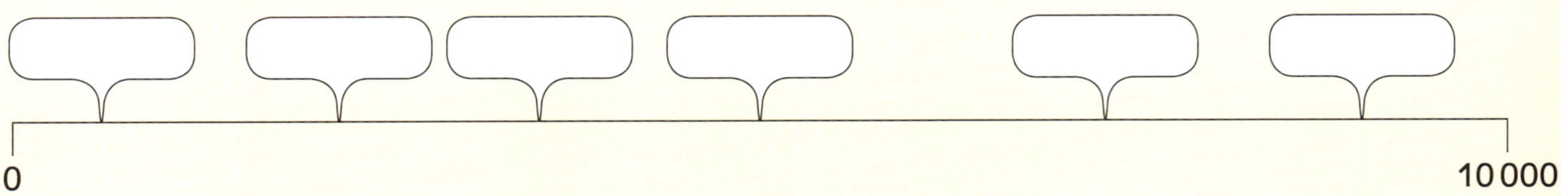

NT	NH	NZ	V	Zahl	N	NZ	NH	NT
				5000				
				7658				

Rechne schriftlich und halbschriftlich!

$$\begin{array}{r} 6548 \\ +\ 3198 \\ \hline \end{array} \qquad \begin{array}{r} 8506 \\ -\ 6600 \\ \hline \end{array}$$

$7 \cdot 364$

$\square \cdot \square = \square$

$\square \cdot \square = \square$

$\square \cdot \square = \square$

$= \square$

$252 : 6$

$\square : \square = \square$

$\square : \square = \square$

$= \square$

Rechne im Kopf!

$100\,000 = 10 \cdot \square$

$79 \cdot 5 = \square$

$\square \cdot 10 = 10\,000$

$\square \cdot 10 = 1\,000\,000$

$799 \cdot 5 = \square$

M	HT	ZT	T	H	Z	E
	3	2	8	5	7	9

300000 + 20000 + ______________________

Zahl ______

M	HT	ZT	T	H	Z	E
	6	5	9	8	2	3

____

Zahl ______

M	HT	ZT	T	H	Z	E
4	2	3	5	8	6	7

____

Zahl ______

Zerlege die Zahlen!

785 352 = 700000 + 80000 + ______________________

263 478 = ______________________

6 527 865 = ______________________

____

Mache dir einen Punkt hinter die Millionenstelle und auch hinter die Tausenderstelle. Das ist viel leichter zu lesen!

Setze Punkte und lies dann laut!

3.572.839 2 576 820 5 978 224 8 923 570 6 625 376

Erledigt? ja ☐ nein ☐

Welche Zahl liegt in der Mitte?

Wo liegen diese Zahlen ungefähr? Verbinde!

40 000 | 125 000 | 325 000 | 275 000 | 460 000

Welche Zahlen können es ungefähr sein?

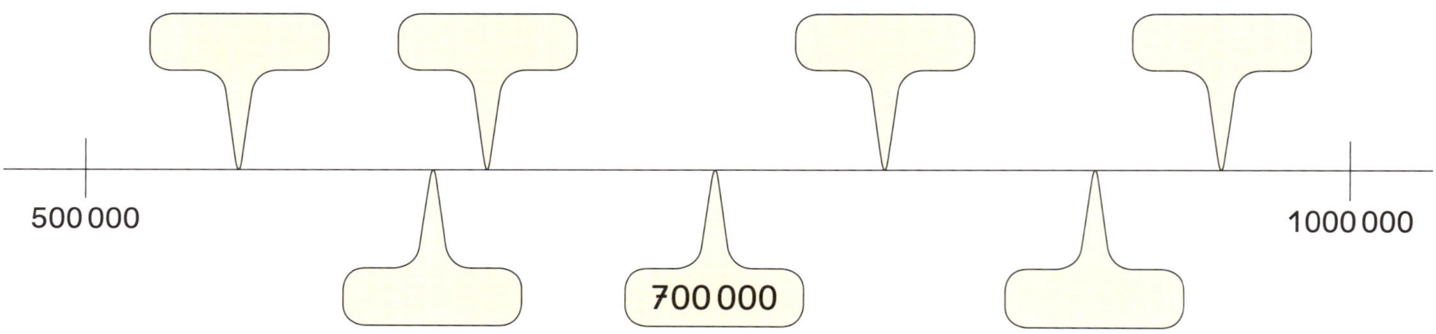

Verbinde!

510 000 | 590 000 | 660 000 | 780 000 | 990 000

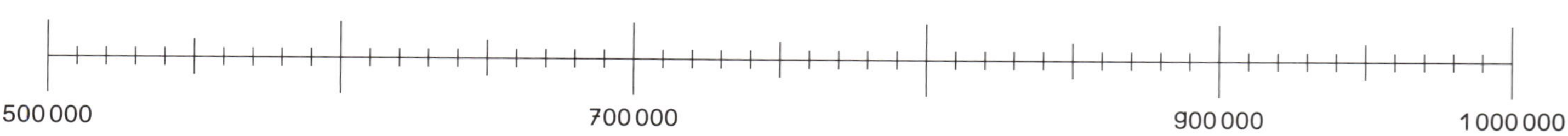

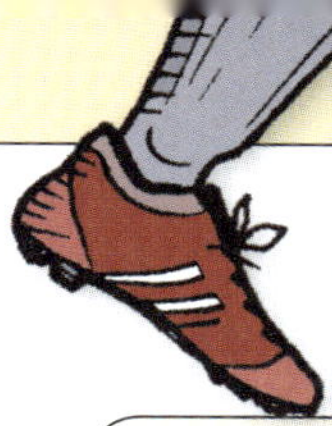

100 000er Schritte Welche Zahlen liegen dazwischen?

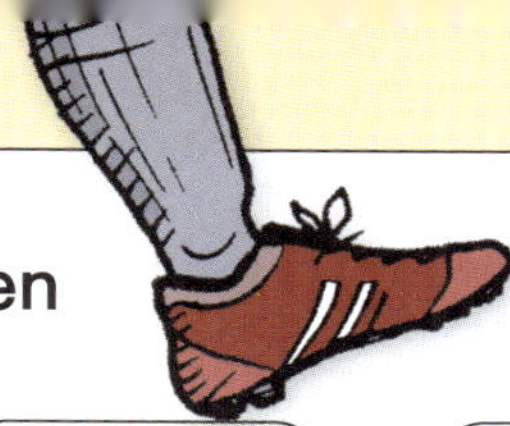

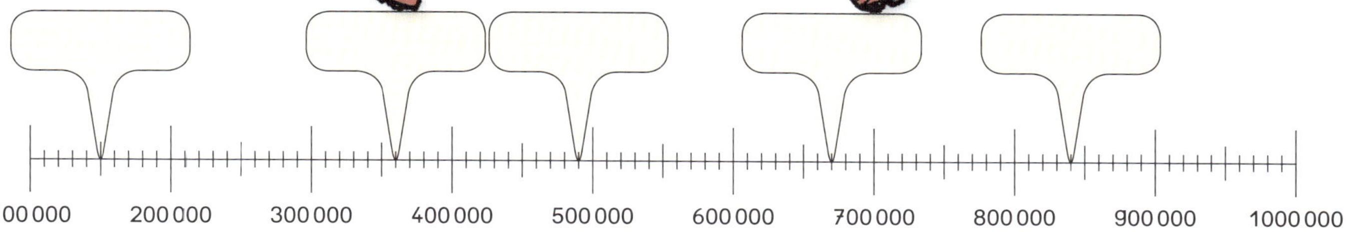

10 000er Schritte

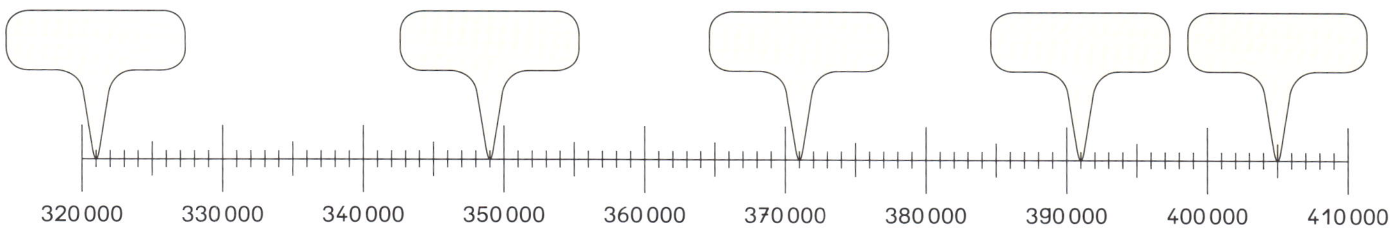

1000er Schritte **Achtung: Rückwärts!**

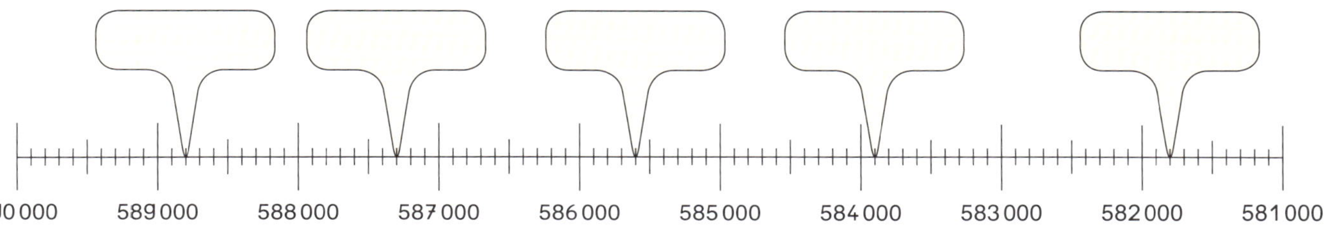

1000er Schritte

688 400 691 900 692 500 694 200 696 600

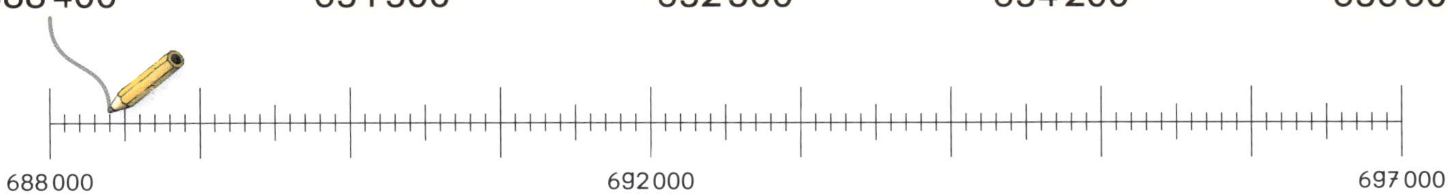

100er Schritte

267 060 267 270 267 420 267 760 267 830

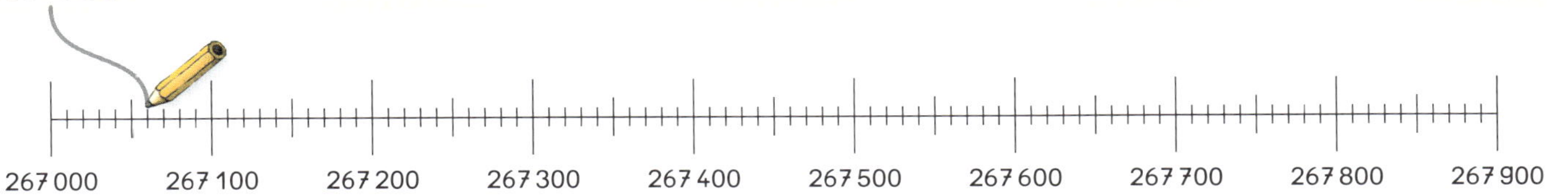

NHT	NZT	NT	Zahl	NT	NZT	NHT
		327000	327 538	328000		
			268 913			
			752 189			
			135 600			
			891 576			

> oder < oder = ?

528 357	<	578 999	991 098		899 919	30 101		39 990
653 480		635 480	622 087		622 087	59 934		59 199
210 582		281 567	287 608		297 609	66 108		66 108
190 991		190 091	707 079		770 701	192 878		192 887

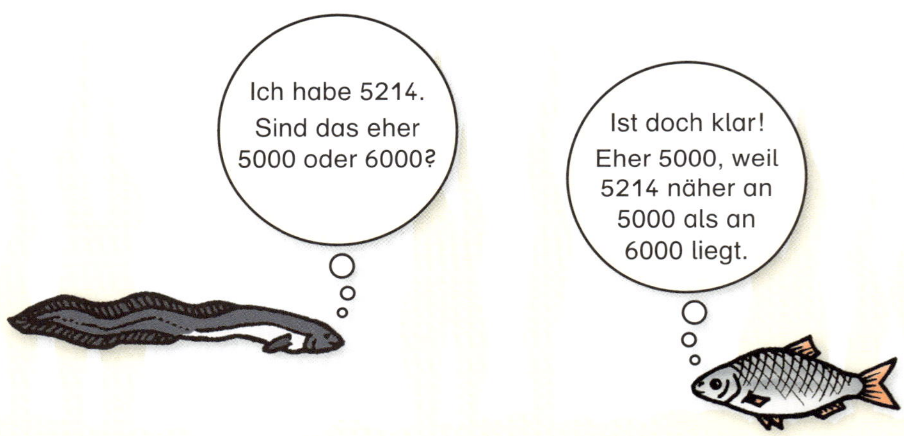

Welcher Tausender liegt näher an der Zahl? Kreuze an!

vorheriger Tausender	Zahl	nächster Tausender
×	5214	
	6167	
	8790	
	3828	
	4795	

vorheriger Tausender	Zahl	nächster Tausender
	7626	
	8671	
	1001	
	3943	
	4902	

MERKE

Bei 0, 1, 2, 3 und 4 abrunden – bei 5, 6, 7, 8 und 9 aufrunden!
Ich mache die Zahl rund, damit ich besser rechnen kann!
Noch einmal aufgepasst: Schon ab 5 wird aufgerundet!

Wo ist die Zahl näher dran!

vorheriger Zehner	Zahl	nächster Zehner
	13	
	18	
	72	
	44	
	29	
	25	

⚠ Aufgepasst, aufrunden!

vorheriger Hunderter	Zahl	nächster Hunderter
	328	
	517	
	680	
	949	
	860	
	950	

⚠ Denke daran!

vorheriger Tausender	Zahl	nächster Tausender
	3820	
	6810	
	2001	
	7555	
	4999	
	6500	

⚠ Gecheckt?

Runde auf Zehner!

13 ≈ 10
18 ≈
72 ≈
44 ≈
29 ≈
⚠ 25 ≈

MERKE

≈ bedeutet:
»ist ungefähr«

Runde auf Hunderter!

328 ≈ 300
517 ≈
680 ≈
949 ≈
860 ≈
⚠ 950 ≈

Runde auf Tausender!

3820 ≈ 4000
6810 ≈
2001 ≈
7555 ≈
4999 ≈
⚠ 6500 ≈

Runde auf Zehntausender!

226931 ≈ 230 000
645999 ≈
164001 ≈
803972 ≈
333129 ≈
⚠ 750000 ≈

Runde auf Hunderttausender!

226931 ≈ 200 000
645999 ≈
164001 ≈
803972 ≈
333129 ≈
⚠ 650000 ≈

Runde auf Zehner und rechne!

17 + 13 + 21 ≈ 20 + 10 + 20

20 + 10 + 20 = 50

61 + 54 + 79 ≈ 60 + 50 + ____

____ + ____ + ____ = ____

Runde auf Hunderter und rechne!

312 + 470 + 699 ≈ ____ + ____ + ____

____ + ____ + ____ = ____

150 + 622 + 912 ≈ ____ + ____ + ____

____ + ____ + ____ = ____

Runde auf Tausender und rechne!

4901 + 2513 + 2499 ≈ ____ + ____ + ____

____ + ____ + ____ = ____

Runde auf Zehntausender und rechne!

12800 + 21900 + 28017 ≈ ____ + ____ + ____

____ + ____ + ____ = ____

Falkensee

Falkensee ist eine Stadt in Deutschland. Sie liegt in der Nähe von Berlin.
Falkensee ist im Moment die am schnellsten wachsende Stadt in Deutschland.
1989 zählte sie 22000 Einwohner und 2016 waren es schon 42000 Einwohner.

1989: 22000 Einwohner

gerundet auf …

Zehner: **22307 ≈** 22310

Hunderter: **22307 ≈**

Tausender: **22307 ≈**

Zehntausender: **22307 ≈**

2016: 42000 Einwohner

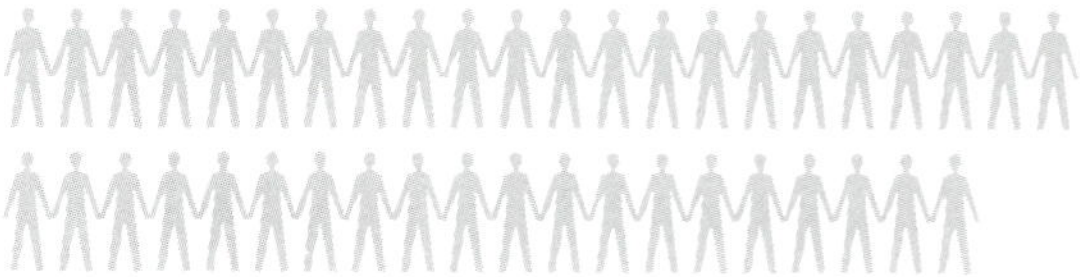

gerundet auf …

Zehner: **41777 ≈** 41780

Hunderter: **41777 ≈**

Tausender: **41777 ≈**

Zehntausender: **41777 ≈**

300 000 + 7 = ______ 500 000 + 5 = ______

300 000 + 70 = ______ 500 000 + 50 = ______

300 000 + 700 = ______ 500 000 + 500 = ______

300 000 + 7000 = ______ 500 000 + 5000 = ______

300 000 + 70 000 = ______ 500 000 + 50 000 = ______

300 000 + 700 000 = ______ 500 000 + 500 000 = ______

46 + 30 = ______

246 + 30 = ______

6246 + 30 = ______

16 246 + 30 = ______

816 246 + 30 = ______

69 − 6 = ______

269 − 6 = ______

5269 − 6 = ______

75 269 − 6 = ______

375 269 − 6 = ______

48 000 + 30 000 = ______

26 000 + 50 000 = ______

35 000 + 40 000 = ______

76 000 + 40 000 = ______

28 000 + 20 000 = ______

96 000 + 40 000 = ______

370 000 + 22 000 = ______

530 000 + 26 000 = ______

810 000 + 80 000 = ______

640 000 + 26 000 = ______

370 000 + 13 000 = ______

890 000 + 35 000 = ______

Zahlenmauer 1 (unterste Reihe): 13 000 | 10 000 | 15 000 | 8000

Zahlenmauer 2:
600 000
480 000 | ______
370 000 | ______ | ______
270 000 | ______ | ______ | ______

Lsg: 63, 276, 5263, 76, 48000, 666000, 76000, 370000, 1000000, 78000, 96000, 136000, 383000, 263, 16276, 300700, 500050, 120000, 48000, 392000, 6276, 300007, 500005, 75263, 375263, 816276, 500500, 300070, 307000, 48000, 23000, 116000, 75000, 890000, 1000000, 505000, 556000, 720000, 925000, 8000, 550000, 25000, 13000, 110000, 10000, 100000, 10000, 0, 10000, 15000, 23000

	+ 5	+ 30	+ 200	+ 4000	+ 50000
321204					
434513					

	– 5	– 40	– 600	– 3000	– 70000
398698					
786756					

Verdopple!

243000	
323431	
350500	
125125	
375000	
115333	

Halbiere!

750500	
670350	
830300	
720700	
536002	
412060	

Wiederhole die schriftliche Addition und Subtraktion!

	3	7	5	2	2	8
+	2	8	2	9	4	3

	5	0	7	3	9	8
+	3	9	0	0	8	2

6	3	9	5	0	7
3	6	0	4	9	3

	9	5	8	3	0	0
–	7	1	9	0	6	6

	7	6	0	0	4	3
–	5	1	9	0	4	3

3	0	0	1	0	1
2	3	1	0	0	1

Lsg: 434543, 69100, 658171, 786716, 321404, 328698, 321209, 375250, 750000, 646862, 325204, 206030, 701000, 897480, 241000, 321234, 1000000, 484513, 434518, 783756, 398693, 335175, 239234, 786751, 398658, 434713, 716756, 371204, 438513, 398098, 786156, 415150, 250250, 360350, 395698, 268001, 230666, 486000

Schreibe die Zahl: Sechshundertfünfundvierzigtausenddreihundertsieben!

Wo liegen die Zahlen ungefähr?

328 940 | 238 765 | 493 761 | 751 111 | 587 235

0 — 1 000 000

Wie heißen die Nachbarn, Nachbarzehner und Nachbarhunderter?

NH	NZ	V	Zahl	N	NZ	NH
			213 589			
			872 390			

Runde!

	Runde auf Zehner	Runde auf Hunderter	Runde auf Tausender
2521			

Rechne im Kopf!

870000 – 380000 = ________

244000 + 356001 = ________

Rechne schriftlich!

	4	7	8	9	2	3
–	2	9	8	5	3	7

	7	2	3	1	0	0
+	1	3	5	8	1	9

4 · 6 = 24	3 · 7 = ____	7 · 8 = ____
4 · 60 = ____	3 · 70 = ____	7 · 80 = ____
4 · 600 = ____	3 · 700 = ____	7 · 800 = ____
4 · 6000 = ____	3 · 7000 = ____	7 · 8000 = ____
4 · 60000 = ____	3 · 70000 = ____	7 · 80000 = ____

Cooler Trick!
Immer eine Null mehr!

1 · 15 = ____	27 · 1 = ____
10 · 15 = ____	27 · 10 = ____
100 · 15 = ____	27 · 100 = ____
1000 · 15 = ____	27 · 1000 = ____
10000 · 15 = ____	27 · 10000 = ____

MERKE

Meine Aufgabe lautet **400 · 70**. Ich streiche im Kopf alle drei Nullen weg und rechne dann **4 · 7 = 28**. Im Ergebnis hänge ich die drei Nullen einfach wieder an. **400 · 70 = 28000**

4 · 7 = ____	6 · 8 = ____	7 · 6 = ____
40 · 70 = ____	60 · 80 = ____	70 · 60 = ____
400 · 700 = ____	600 · 800 = ____	700 · 600 = ____

Wie viele Nullen hat die Aufgabe **30 · 7000**? ☐ Nullen
Wie viel ist **3 · 7**? ☐
An dieses Ergebnis hängst du die vier Nullen wieder an. Also **210000**

600 · 400 = ____	3000 · 200 = ____	6 · 70000 = ____
500 · 600 = ____	6000 · 70 = ____	8 · 25000 = ____
900 · 800 = ____	7000 · 80 = ____	4 · 39000 = ____
400 · 700 = ____	2000 · 800 = ____	3 · 29000 = ____

Lsg: ~~24~~, 210, 5600, 15, 27000, 600000, 87000, 42, 2800, 2400, 21, 280000, 56, 150, 2700, 420000, 300000, 480000, 48, 280000, 560, 240, 1500, 270, 150000, 560000, 27, 200000, 21000, 56000, 4800, 28, 4200, 24000, 270000, 420000, 1600000, 720000, 560000, 210000, 2100, 420000, 240000, 156000, 240000, 15000

21 : 7 = ______	56 : 7 = ______	42 : 7 = ______
210 : 7 = ______	560 : 7 = ______	420 : 7 = ______
2100 : 7 = ______	5600 : 7 = ______	4200 : 7 = ______
21000 : 7 = ______	56000 : 7 = ______	42000 : 7 = ______
210000 : 7 = ______	560000 : 7 = ______	420000 : 7 = ______

Noch ein super Trick!

Hier streichst du die Nullen im Kopf! Du darfst aber nur links und rechts gleich viele streichen!

Beispiel: 15 0~~00~~ : 3~~00~~

übrig bleibt: 150 : 3 = 50

Versuche du es nun!

32000 : 800	240000 : 1000
übrig bleibt: __ : __ = __	übrig bleibt: __ : __ = __

300000 : 1 = ______	800000 : 100000 = ______
300000 : 10 = ______	800000 : 10000 = ______
300000 : 100 = ______	800000 : 1000 = ______
300000 : 1000 = ______	800000 : 100 = ______
300000 : 10000 = ______	800000 : 10 = ______
300000 : 100000 = ______	800000 : 1 = ______

56000 : 8000 = ______	560000 : 80000 = ______	560000 : 8000 = ______
48000 : 6000 = ______	480000 : 60000 = ______	480000 : 6000 = ______
72000 : 9000 = ______	720000 : 90000 = ______	720000 : 9000 = ______

Lösungen: 3, 300000, 40, 6, 80, 800000, 60000, 80, 8, 30000, 80000, 3000, 8, 6000, 30000, 8, 300, 8000, 8, 80000, 8000, 800, 8, 7, 800, 30, 70, 3, 80, 7, 300, 60, 30, 600, 80, 3000, 8, 240, 80

24 : 8 = 3

240 : 8 = 30

2400 : 8 = 300

24 000 : 8 = 3000

240 000 : 8 = 30 000

---

63 000 : 7 = ______

35 000 : 7 = ______

20 000 : 5 = ______

81 000 : 9 = ______

42 000 : 6 = ______

54 000 : 9 = ______

56 000 : 8 = ______

27 000 : 3 = ______

27 000 : 9 = ______

---

3 · ______ = 24

3 · ______ = 240

3 · ______ = 2400

3 · ______ = 24 000

7 · ______ = 56

7 · ______ = 560

7 · ______ = 5600

7 · ______ = 56 000

6 · ______ = 36

6 · ______ = 360

6 · ______ = 3600

6 · ______ = 36 000

---

56 : 8 = ______

560 : 8 = ______

5600 : 8 = ______

56 000 : 8 = ______

27 : 3 = ______

270 : 3 = ______

2700 : 3 = ______

27 000 : 3 = ______

42 : 6 = ______

420 : 6 = ______

4200 : 6 = ______

42 000 : 6 = ______

Zahl	:2 die Hälfte	:4 zweimal die Hälfte
200 580		
250 660		
466 700		
591 340		
788 628		

Lösungen: 6, 80, 8000, 9000, 4000, 3000, 9, 70, 8000, 7, 700, 7000, 900, 100290, 7, 90, 233350, 9000, 125330, 6000, 147835, 62665, 295670, 394314, 800, 7000, 5000, 9000, 197157, 9000, 70, 50145, 7000, 8, 7, 600, 8, 80, 116675, 6000, 800, 60, 700, 7000

MERKE

Klammerrechnung <u>**vor**</u> Punkt vor Strichrechnung!

Kreise ein, was du zuerst berechnen musst!

$(3 \cdot 20) + 30 =$ 60 + 30 = 90

$4 \cdot 50 + 70 =$ ______ = ______

$3 \cdot (20 + 30) =$ ______ = ______

$4 \cdot (50 + 70) =$ ______ = ______

$6 \cdot 80 - 70 =$ ______ = ______

$8 \cdot 50 - 30 =$ ______ = ______

$6 \cdot (80 - 70) =$ ______ = ______

$8 \cdot (50 - 30) =$ ______ = ______

$60 \cdot 4 + 30 \cdot 4$

______ + ______ = ______

$80 \cdot 7 + 70 \cdot 3$

______ + ______ = ______

$80 \cdot 5 - 20 \cdot 6$

______ − ______ = ______

$70 \cdot 7 - 30 \cdot 5$

______ − ______ = ______

$200 : 4 + 180 : 9 =$ ______ = ______

$720 : 8 + 350 : 7 =$ ______ = ______

$270 : 3 - 420 : 6 =$ ______ = ______

$640 : 8 - 560 : 7 =$ ______ = ______

$42 : (10 - 3) =$ ______ = ______

$33 + 88 : 8 =$ ______ = ______

$63 - 10 \cdot 5 =$ ______ = ______

$(18 - 3) \cdot 5 - 40 =$ ______ = ______

$(560 : 8) \cdot 2 - 70 =$ ______ = ______

$9 - 3 + 4 : 2 - 6 + (190 - 30) =$ ______ = ______

$(360 : 2) + 27 : 3 + (210 : 7) =$ ______ = ______

$(112 : 4) - 78 : 3 + (108 : 9) =$ ______ = ______

Lösungen: 90, 770, 410, 162, 20, 480, 160, 270, 70, 0, 70, 150, 370, 140, 6, 219, 44, 60, 280, 340, 13, 360, 35, 14

Weißt du noch?

F	·	F	=	P

Bevor du eine Aufgabe schriftlich multiplizierst, solltest du sie im Kopf überschlagen/runden. Das heißt, du errechnest vorher das ungefähre Ergebnis im Kopf.

Welcher Überschlag passt? Verbinde!

39 · 5 21 · 5 27 · 5

37 · 5 31 · 5

40 · 5 20 · 5 30 · 5

42 · 5 29 · 5

19 · 5 25 · 5 24 · 5

3010 · 3	Überschlag:	3000	·	3	=	9000
4999 · 5	Überschlag:	______	·	__	=	______
206 · 6	Überschlag:	______	·	__	=	______
7489 · 4	Überschlag:	______	·	__	=	______
25 300 · 2	Überschlag:	______	·	__	=	______
8089 · 7	Überschlag:	______	·	__	=	______
4471 · 8	Überschlag:	______	·	__	=	______
2568 · 6	Überschlag:	______	·	__	=	______
1004 · 9	Überschlag:	______	·	__	=	______

Lösungen: ~~9000~~, 56000, 1200, 18000, 9000, 50000, 25000, 32000, 28000

3	2	4	2	·	2
		6	4	8	4

START

Sprich so:
2 mal 2 = 4
2 mal 4 = 8
2 mal 2 = 4
2 mal 3 = 6

T	H	Z	E		
3	1	3	2	·	3

START

T	H	Z	E		
1	3	3	4	·	2

START

T	H	Z	E		
2	3	3	2	·	3

START

T	H	Z	E		
4	1	3	2	·	2

START

T	H	Z	E		
1	1	2	2	·	4

START

T	H	Z	E		
2	1	2	1	·	4

START

Überschlage nun erst!

Ü:

T	H	Z	E		
2	3	1	3	·	3

START

Ü:

T	H	Z	E		
2	2	1	2	·	4

START

Ü:

T	H	Z	E		
4	2	4	3	·	2

START

Ü:

HT	ZT	T	H	Z	E		
3	2	2	3	1	1	·	3

START

Ü:

HT	ZT	T	H	Z	E		
1	0	2	2	1	2	·	4

START

Ü:

HT	ZT	T	H	Z	E		
4	4	4	3	3	2	·	2

START

Lösungen: 9396, 8484, 966933, 8264, 8486, 6939, 6996, 2668, 408848, 4488, 8848, 888664

1	2	2	4	·	3
		3	6	7	2

START

Sprich so:
3 · 4 = 12   2 hin, 1 im Sinn
3 · 2 = 6   6 + 1 = 7
3 · 2 = 6
3 · 1 = 3

336 · 2 = 2

119 · 5

347 · 2

464 · 2

218 · 4

119 · 7

114 · 5

263 · 3

2328 · 3

1362 · 2

2722 · 4

6212 · 4

93231 · 3

844332 · 2

Überschlage erst!

317 · 3
Ü:

H	Z	E		

2823 · 3
Ü:

T	H	Z	E		

114 · 8
Ü:

H	Z	E		

3345 · 2
Ü:

T	H	Z	E		

Recke und strecke dich, aber leise!

Lösungen: 6984, 570, 833, 1688664, 2724, 694, 872, 279693, 951, 672, 24848, 10888, 912, 789, 6690, 595, 8469, 928

Achtung! Jetzt kommen Aufgaben mit mehreren Überträgen.

2	7	6	·	3
		8	2	8

START

Sprich so:
3 · 6 = 18   8 hin, 1 im Sinn
3 · 7 = 21   21 + 1 = 22
2 hin, 2 im Sinn
3 · 2 = 6   6 + 2 = 8

2 3 8 · 4   2 6 5 · 5   8 6 5 · 7   3 8 2 · 6

7 0 6 · 8   1 3 3 · 9   7 9 8 · 2

Ist es dir schwer gefallen, mit mehreren Überträgen zu rechnen? ja ☐ nein ☐
Massiere sanft deine Ohren!

Wenn du dir die Überträge nur sehr schwer merken kannst, kannst du den Übertrag auch in die **Schmierecke** schreiben und danach wieder durchstreichen.

3 2 0 3 · 7   8 1 5 9 · 3   6 2 7 2 · 5   2 0 1 3 · 9

6 1 8 8 · 2   4 0 7 7 · 8   1 5 1 6 · 6   8 8 6 7 · 4

9 4 3 7 1 · 3   8 2 7 7 1 · 4   2 1 0 3 3 · 5

6 1 1 4 3 · 7   2 9 4 1 2 · 6   3 1 1 6 6 · 8

Schmierecke
1
2

Lösungen: 331084, 1596, 952, 32616, 18117, 2292, 1325, 12376, 6055, 176472, 283113, 9096, 24477, 5648, 428001, 105165, 31360, 1197, 35468, 22421, 249328

MERKE **0 mal eine Zahl ist gleich 0**

3 · 0 = ___ 82 · 0 = ___ 5814 · 0 = ___ 62735 · 0 = ___ 3598763 · 0 = ___

Sprich so: Da bei den Einern eine 0 steht, schreibe ich dort auch eine 0 und beginne mit den Zehnern.

3 · 4 = 12   2 hin, 1 im Sinn

3 · 5 = 15   15 + 1 = 16   6 hin, 1 im Sinn …

2	3	5	4	·	3	0
		7	0	6	2	0

3045 · 40   2837 · 50   4385 · 60

9217 · 70   7685 · 80   9121 · 90

Sprich so: Da bei den Einern und bei den Zehnern eine 0 steht, schreibe ich zwei Nullen und beginne mit den Hundertern.

3 · 6 = 18   8 hin, 1 im Sinn

3 · 8 = 24   24 + 1 = 25   5 hin, 2 im Sinn …

4	8	6	·	3	0	0
	1	4	5	8	0	0

358 · 200   763 · 300

423 · 800   823 · 700

569 · 400   287 · 500

Schmierecke

Lösungen: 228900, 141850, 338400, 645190, 143500, 71600, 576100, 820890, 121800, 263100, 227600, 614800

1

START

	4	2	·	3	6
		1	2	6	
+					

Sprich so:

Ich beginne bei dem Zehner.

3 · 2 = 6

3 · 4 = 12

2

START

	4	2	·	3	6
		1	2	6	
+			2	5	2

Jetzt rechne ich mit den Einern.

6 · 2 = 12 2 hin 1 im Sinn

6 · 4 = 24 24 + 1 = 25

3

	4	2	·	3	6
		1	2	6	
+			2	5	2
			1		
		1	5	1	2

Nun addiere ich beide Ergebnisse.
Ich beginne mit den Einern!

Gib dir Mühe! Schreibe sauber untereinander, sonst kommst du durcheinander!

	3	5	·	5	6
+					

	2	8	·	6	3
+					

	1	7	·	8	5
+					

	1	6	·	2	9

	7	6	·	1	3

	4	4	·	4	3

Schmierecke

Lösungen: 988, 1960, 1445, 1892, 1764, 464

327 · 29

	3	2	7	·	2	9
+						

587 · 56

+						

259 · 78

587 · 51

741 · 28

376 · 62

3872 · 18

+							

5639 · 41

2526 · 73

4812 · 26

7908 · 43

6216 · 38

Aufgabe
903 · 48

Überschlagsaufgabe
900 · 50 = 45000

genaue Rechnung

	9	0	3	·	4	8
+						

Schmierecke

☐ Ruhe dich kurz aus und denke an etwas Schönes.

Lösungen: 231199, 9483, 125112, 20202, 236208, 20748, 69696, 23312, 32872, 340044, 184398, 29937, 43344

Aufgabe	Überschlagsaufgabe	genaue Rechnung
18 · 72	20 · 70 = ____	1 8 · 7 2 +
89 · 71	____ · ____ = ____	+
904 · 52	____ · ____ = ____	+
898 · 43	____ · ____ = ____	+
4490 · 23	____ · ____ = ____	+

Schmierecke

☐ Recke und strecke dich, aber leise!

Lösungen: 103270, 1296, 38614, 234904, 6319, 47008

Kannst du die Malreihen sicher?	ja ☐	nein ☐
Denkst du immer an die Übertragszahl?	ja ☐	nein ☐
Schreibst du ordentlich und stellengerecht untereinander?	ja ☐	nein ☐
Kannst du mit der Null richtig rechnen?	ja ☐	nein ☐

Schau nun, ob du alles kannst. Dies sind deine Aufgaben. Vorsicht mit der Null!

503 · 304

5 0 3 · 3 0 4

\+

213 · 508

\+

304 · 607

340 · 402

3273 · 187

3008 · 280

2102 · 198

30110 · 20

\+

2467 · 91

Schmierecke

29999 · 3

234879 · 2

Lösungen: 602200, 108204, 224497, 152912, 136680, 89997, 612051, 184528, 469758, 842240, 416196

Rechne geschickt im Kopf! Schreibe auf, wie du im Kopf gerechnet hast!

3 · 9999 =	29997	Ich rechne 3 mal 10000 und dann minus 3
7 · 999 =		
2300 · 4 =		
4 · 2499 =		
6 · 3002 =		
6543 · 10 =		
771 · 100 =		
3 · 1990 =		
3 · 3333 =		
5250 · 5 =		
9998 · 6 =		
72 000 · 3 =		
800 · 27 =		

Strecke beide Arme hoch und atme fünfmal leise tief ein und aus!

127 · 9 =		
420 : 6 =		
21 : 7 =		
6400 : 8 =		
2100 : 7 =		
56 000 : 7 =		
350 : 7 =		
4800 : 8 =		
(150 · 4) · 40 =		Zuerst
4 · 320 · 125 =		Zuerst
130 · 25 · 4 =		Zuerst
15 · 600 · 4 =		Zuerst
125 + 239 + 75 =		Zuerst

Lösungen: ~~29997~~, 65430, 6993, 59988, 600, 13000, 50, 300, 21600, 9999, 9200, 5970, 3, 1143, 800, 18012, 26250, 160000, 216000, 24000, 439, 70, 77100, 36000, 8000, 9996

Ich zeige, was ich kann!

Rechne geschickt im Kopf!

49 000 : 7 = ______ 42 000 : 6000 = ______ 56 000 : 800 = ______

30 · 700 = ______ 4000 · 70 = ______ 4 · 38 000 = ______

4 · 40 + 30 = ______ 8 · (40 – 30) = ______ 560 : 8 + 700 = ______

Ü:

2 3 2 1 · 2

Ü:

3 9 5 4 0 · 3

Ü:

2 5 9 3 · 2 0

Ü:

2 7 · 6 2

Ü:

3 6 2 · 3 0 0

Ü:

6 3 7 · 1 7

Ü:

3 0 9 · 2 1 1

Ü:

3 2 8 · 2 0

Ü:

9 1 9 · 4 9

Hast du die Wörter schon einmal gehört?

	ja	nein
• Vielfache	☐	☐
• Teiler	☐	☐
• Primzahlen	☐	☐

Dies sind zum Beispiel die Vielfachen von 6 und von 18.

Vielfachen von 6	Vielfachen von 18
1 · 6 = 6	1 · 18 = 18
2 · 6 = 12	2 · 18 = 36
3 · 6 = 18	3 · 18 = 54
4 · 6 = 24	4 · 18 = 72
5 · 6 = 30	5 · 18 = 90
6 · 6 = 36	6 · 18 = 108
7 · 6 = 42	7 · 18 = 126
8 · 6 = 48	8 · 18 = 144
9 · 6 = 54	9 · 18 = 162
10 · 6 = 60	10 · 18 = 180
⋮	⋮

Notiere nun die Vielfachen …

… von 4: 4 (8) 12 …

… von 8: (8) 16 …

… von 16: …

… von 24: …

Welche Vielfachen haben die Zahlen gemeinsam? Kreise ein!

Lösungen: 8, 20, 32, 48, 96, 4, 12, 216, 24, 8, 48, 72, 240, 16, 120, 24, 56, 144, 192, 112, 72, 40, 24, 144, 40, 16, 96, 24, 16, 28, 64, 32, 168, 96, 80, 160, 48, 32, 64, 128, 176, 80, 36

MERKE

Teiler der Zahl 12 sind 1, 2, 3, 4, 6 und 12.
Das heißt, die Zahl 12 ist durch diese Zahlen teilbar.
Eine Zahl ist immer durch 1 und durch sich selbst teilbar!

Notiere du nun die Teiler folgender Zahlen!

Teiler von 15 1

Teiler von 16

Teiler von 18

Notiere die Teiler der Zahlen und kreise gemeinsame Teiler ein!

Teiler von 8

Teiler von 12

Teiler von 21

Teiler von 24

Teiler von 36

Teiler von 42

Teiler von 54

Teiler von 81

Lösungen: ~~1~~, 4, 6, 9, 16, ~~1~~, 3, 1, ~~2~~, 9, 12, 1, 3, 6, 2, 5, 12, 18, 1, 2, 4, 8, 15, 4, 1, 2, 4, 8, 12, 24, 1, 3, 6, 18, 2, 3, 2, 4, 8, 6, 36, 3

Was denkst du? Gibt es Zahlen, die nur durch 1 und durch sich selbst teilbar sind?

ja ☐ nein ☐

Es gibt solche Zahlen. Sie heißen **Primzahlen**.

MERKE

2 ist die kleinste Primzahl. 1 ist keine Primzahl.

Notiere alle Primzahlen bis 10!

2

Notiere alle Primzahlen bis 20! ☐ **Lerne diese auswendig!**

Kreise alle Primzahlen bis 100 ein!

1	(2)	3	4	5	6	7	8	9	10
11	12	13	14	15	16	17	18	19	20
21	22	23	24	25	26	27	28	29	30
31	32	33	34	35	36	37	38	39	40
41	42	43	44	45	46	47	48	49	50
51	52	53	54	55	56	57	58	59	60
61	62	63	64	65	66	67	68	69	70
71	72	73	74	75	76	77	78	79	80
81	82	83	84	85	86	87	88	89	90
91	92	93	94	95	96	97	98	99	100

Hast du 25 Kreise gemacht? ja ☐ nein ☐ **Wenn nicht, kontrolliere noch einmal!**

Erinnere dich an die Teilbarkeitsregel für:

		weiß ich
(2)	Eine Zahl ist durch 2 teilbar, wenn sie gerade ist, also ihre letzte Ziffer eine 2, 4, 6, 8 oder 0 ist.	☐
(3)	Eine Zahl ist durch 3 teilbar, wenn ihre Quersumme, also die Summe all ihrer Ziffern, durch 3 teilbar ist.	☐
(4)	Eine Zahl ist durch 4 teilbar, wenn ihre letzten zwei Stellen durch 4 teilbar sind.	☐
(5)	Eine Zahl ist durch 5 teilbar, wenn ihre letzte Stelle eine 5 oder eine 0 ist.	☐
(6)	Eine Zahl ist durch 6 teilbar, wenn sie durch 2 und durch 3 teilbar ist, also wenn sie gerade ist und ihre Quersumme durch 3 teilbar ist.	☐
(8)	Eine Zahl ist durch 8 teilbar, wenn ihre letzten drei Stellen durch 8 teilbar sind.	☐
(9)	Eine Zahl ist durch 9 teilbar, wenn ihre Quersumme durch 9 teilbar ist.	☐
(10)	Eine Zahl ist durch 10 teilbar, wenn ihre letzte Stelle eine 0 ist.	☐

Du musst diese Regeln auswendig lernen!
Mache bitte nicht weiter im Heft. Gehe zu jemanden, den du magst und bitte diese Person dich diese Regeln abzufragen.

☐ Ja, das mache ich.

Wie heißt die Person, die dich abgefragt hat? ____________

Hast du die Regeln alle gekonnt? ja ☐ nein ☐

Was stimmt? Kreuze an!

	teilbar durch 2	teilbar durch 3	teilbar durch 4	teilbar durch 5	teilbar durch 6	teilbar durch 8	teilbar durch 9	teilbar durch 10
1420	X		X	X				X
53785								
9183								
697								
2508								
122								
8000								
5411								
10								
159								
2803								
17								
761								
587								
2111								
581								
100								
4800								
6200								
270								

Hast du alles richtig? ja ☐ nein ☐

Lösungen:

Teilbar durch	2	3	4	5	6	8	9	10
1420	x		x	x				x
53785				x				
9183		x						
697								
2508	x	x	x		x			
122	x							
8000	x		x	x		x		x
5411								
10	x			x				x
159		x						
2803								
17								
761								
587								
2111								
581								
100	x		x	x				x
4800	x	x	x	x	x	x		x
6200	x		x	x		x		x
270	x	x		x	x		x	x

Nun lernst du, wie man schriftlich dividiert. Dabei ist es sehr wichtig, dass du ordentlich schreibst.

Sprich so:

5	7	8	:	2	=	2		

Ich beginne ganz links.
Wie oft passt die 2 in die 5? 2 mal.
Ich notiere 2 neben dem Gleichheitszeichen und sage: »Denn 2 · 2 = 4«.

5	7	8	:	2	=	2		
4								
1								

Ich notiere 4 und ziehe einen Strich darunter.
Ich rechne 5 – 4 = 1 und schreibe 1.

5	7	8	:	2	=	2	8	
4	↓							
1	7							
1	6							

Nun hole ich die 7 herunter.
Wie oft passt die 2 in die 17?
8 mal.
Ich schreibe 8, denn 8 · 2 ist 16.
Ich schreibe 16.

5	7	8	:	2	=	2	8	9
4		↓						
1	7							
1	6							
	1	8						

Jetzt noch einmal einen Strich darunter.
Ich rechne 17 – 16 = 1 und schreibe 1.
Nun hole ich die 8 herunter.
Wie oft passt die 2 in die 18?
9 mal.
Ich schreibe 9, denn 9 · 2 ist 18.
Ich schreibe 18.

5	7	8	:	2	=	2	8	9
4								
1	7							
1	6							
	1	8						
	1	8						
		0						

Ich rechne 18 – 18 = 0
und notiere 0.

578 geteilt durch 2
ist gleich 289.

☐ Lies noch einmal diese Seite aufmerksam!

Übe nun, was du gelernt hast. Schreibe ordentlich und genau untereinander!

☐ Ich gebe mir Mühe dabei.

3 7 2 : 2 = 1
2
1

9 7 2 : 4 =

6 2 5 : 5 =

7 1 8 8 : 6 =

9 3 1 2 : 8 =

9 1 8 4 : 7 =

9 6 7 5 : 9 =

4 1 2 8 : 3 =

5 2 3 2 : 4 =

Lösungen: 125, 1376, 1164, 1075, 243, 1312, 186, 1198, 1308

MERKE

Wenn die linke Zahl zu klein ist, nimmst du die nächste Zahl dazu!

1	6	3	5	:	3	=	?		

1	6	3	5	:	3	=	5	4	5
1	5								
	1	3							
	1	2							
		1	5						
		1	5						
			0						

Sprich so:

Wie oft passt die 3 in die 1?
Geht nicht!

Ich nehme die 6 hinzu.
Wie oft passt die 3 in die 16?
5 mal.
Ich schreibe 5, denn 5 · 3 ist 15.
Strich darunter.
Ich rechne 16 – 15 = 1 und schreibe 1.
Nun rechne ich normal weiter bis zum Ende.

Übe nun!

6	1	8	8	:	7	=

6	9	2	8	:	8	=

6	4	9	6	:	8	=

1	3	2	8	:	4	=

2	1	5	5	:	5	=

3	6	7	8	:	6	=

Schreibe deinen Namen rückwärts! ______________________

Lösungen: 431, 812, 884, 613, 332, 866

MERKE

Du kannst deine Ergebnisse kontrollieren, indem du die Umkehraufgabe, also die Malaufgabe dazu rechnest.

```
8 1 9 : 7 = 1 1 7
7
-
1 1
  7
---
  4 9
  4 9
  ---
    0
```

PROBE

1 1 7 · 7

6 8 2 5 : 5 =

PROBE

· 5

8 2 3 2 : 4 =

PROBE

· 4

4 4 9 5 : 5 =

PROBE

· 5

3 1 2 0 : 6 =

PROBE

· 6

2 3 2 5 : 3 =

PROBE

· 3

5 3 2 8 : 8 =

PROBE

· 8

Schmierecke

Lösungen: 899, 666, 520, 775, 2058, 1365

MERKE

Vergiss nie, mit der Null zu rechnen, wenn in der Aufgabe eine Null steht!

1. Sonderfall

Die Ziffer an der letzten Stelle ist eine Null.

3	4	5	0	:	5	=	6	9	0
3	0								
	4	5							
	4	5							
		0	0						
			0						
			0						

Immer mit der Null auch rechnen!

Nun übe du!

8 2 6 0 : 7 =

2. Sonderfall

Null mal eine Zahl ist gleich Null.

8	2	8	8	:	8	=	1	0	3	6
8										
0	2									
	0									
	2	8								
	2	4								
		4	8							
		4	8							
			0							

Nun übe du!

6 1 5 6 : 6 =

3. Sonderfall

Null verteilt an eine Zahl ist gleich Null.

5	0	6	5	:	5	=	1	0	1	3
5										
0	0									
	0									
	0	6								
		5								
		1	5							
		1	5							
			0							

Nun übe du!

4 0 2 8 : 4 =

Lösungen: 1007, 1180, 1026

Rechne den Überschlag und die Probe, dann kannst du sicher sein, dass du mit der Null richtig gerechnet hast.

Überschlag 5 1 0 0 : 3
= 1 7 0 0

5 0 8 5 : 3 =

PROBE · 3

Überschlag : 9
=

4 5 4 5 0 : 9 =

PROBE · 9

Überschlag :
=

1 7 4 5 : 5 =

PROBE ·

Überschlag :
=

4 2 4 8 : 4 =

PROBE ·

Überschlag :
=

5 6 8 3 2 : 8 =

PROBE ·

Über-schlag :
=

1 2 3 2 : 4 =

PROBE ·

Schmierecke

Lösungen: 1062, 7104, 349, 5050, 1695, 308

MERKE

Bleibt am Ende ein Rest, schreibt man den auch zum Ergebnis!

```
9 3 9 1 : 7 = 1 3 4 1 R 4
7
―
2 3
2 1
―――
  2 9
  2 8
  ―――
    1 1
      7
    ―――
      4
```

Bei der Probe addierst du den Rest zum Ergebnis der Probe.

PROBE

1	3	4	1	·	7
		9	3	8	7

→ 9 3 8 7 + 4 = 9 3 9 1

Übe nun!

3 5 5 1 : 3 = R

PROBE
· 3

→ + =

6 2 7 5 : 4 = R

PROBE
· 4

→ + =

9 7 6 : 6 = R

PROBE
· 6

→ + =

Schmierecke

Lösungen: 1568 R3, 162 R4, 1183 R2

5843 : 9 = R

PROBE

→ + =

1375 : 4 = R

PROBE

→ + =

5948 : 5 = R

PROBE

→ + =

9211 : 6 = R

PROBE

→ + =

Achtung mit den Nullen!

30268 : 3 = R

PROBE

→ + =

56789 : 8 = R

PROBE

→ + =

Schmierecke

☐ Massiere nun sanft deine Ohren!

Lösungen: 10089 R1, 343 R3, 1535 R1, 1189 R3, 649 R2, 7098 R5

8 4 2 0 : 2 =

Beginne so: Wie oft passt die 20 in die 84?

8 4 2 0 : 2 0 =

Wie oft passt die 200 in die 842?

8 4 2 0 : 2 0 0 = R

---

4 7 1 0 : 3 0 =

4 7 1 0 : 3 =

4 7 1 0 : 3 0 0 = R

---

1 3 1 2 0 : 4 0 =

1 3 1 2 0 : 4 =

1 3 1 2 0 : 4 0 0 = R

Lösungen: 3280, 42 R20, 157, 32 R320, 1570, 328, 4210, 15 R210, 421

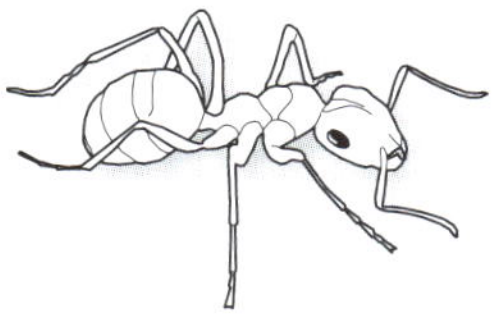

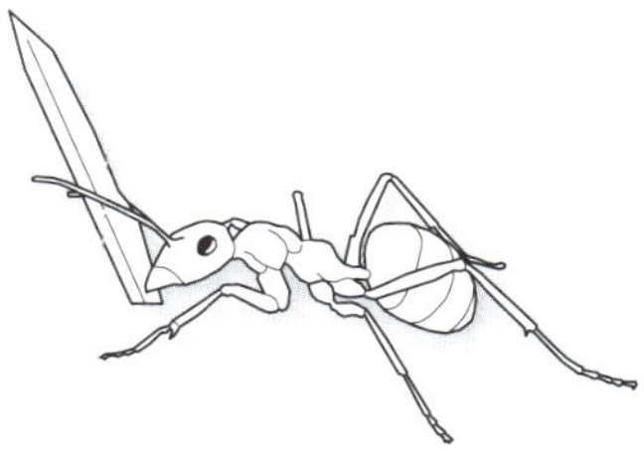

71973 : 11 =

384 : 12 =

3720 : 12 =

435 : 15 =

325 : 25 =

56225 : 25 =

7575 : 25 =

Lösungen: 13, 303, 6543, 32, 2249, 310, 29

Nenne fünf Primzahlen!

Nenne alle gemeinsamen Teiler von 24 und 36!

Eine Zahl ist durch 9 teilbar, wenn

Eine Zahl ist durch 6 teilbar, wenn

5838 : 6 =

PROBE

5094 : 9 =

PROBE

4935 : 7 =

PROBE

6008 : 8 =

PROBE

5849 : 8 = R

PROBE

→ + =

4376 : 4 =

PROBE